U0108533

這個圖案在哪裏？

桃太郎的家

絞盡腦汁想一想！

代表惡鬼的圖案中，
有什麼顏色？

才不是綠色啊！

把它找出來吧！

正在逃跑的惡鬼

更多東西請你找找看！

× 1

× 2

順着腳印的盡頭找找看

× ?

蘋果樹

× 1

日本古時的錢幣

× 1

惡鬼的褲子

× 1

在童話中沒出現過的東西

× 1

× 6

1

這個圖案在哪裏？

絞盡腦汁想一想！

把他找出來吧！

海盜船的秘密
藏在哪裏呢？

真船長

把他的冒牌貨
找出來！

更多東西請你找找看！

× 1

× 2

× 3

外形像
骷髏頭
的水母

× 4

能夠打開巨大
寶箱的鎖匙
× 1

破刃的劍

× 1

蠕動着的蛇
× 1

倒轉看就有
新發現啊！

× 1

這個圖案在哪裏？

拿着手銬的人
是誰？

絞盡腦汁想一想！

犯人到底是誰呢？
（提示是放大鏡）

把它找出來吧！

找出犯人的
指紋！

更多東西請你找找看！

碎裂了的壺	警車	藏寶地圖	電腦裏的信息	一到3時就會爆炸的東西	被偷走的名畫	順着5個腳印找找看，盡頭發現誰？	明明是偵探的鼻子卻盯着你
×1	×2	×1	×1	×1	×5	×1	×1

1 2顆間條紋的糖果

2 6頂高帽子

3 有人在踢足球呢！

4 有一頭食蟻獸啊！

5 傘子竟然放在這種地方！

? ⑥ 召集走散了的5人回來！

⑦ 有一輛南瓜車啊！

⑧ ? 4顆橙黃色星星

⑨ ? 頭上竟然有爆米花！

⑩ ? 有獅子啊！

? 2 非常憤怒的幽靈

? 1 正在施展魔法的女巫

? 3 睡得呼呼作響的幽靈

? 4 被人遺忘了的南瓜

? 5 3隻長了翅膀的幽靈

? 6 如能找出獨角獸，你的願望就可實現⋯⋯

? 7 2個舉着話筒的幽靈

⑨ 倒轉了的女巫

⑩ 地面伸出手來

⑧ 2隻女巫的黑貓朋友

⑪ 團團轉的翻譯

⑫ 狼人出現了！

這個圖案在哪裏？	絞盡腦汁想一想！	把它找出來吧！
	3個用來「全中」的運動項目球體	找出只有2個窗的UFO！

更多東西請你找找看！

 ×1

 ×2

 ×1

 ×1

只有一根頭髮的人 ×1

頭盔 ×3

4個英文字母組成的球類運動 ×1

9局之後，比數是多少？ ×1

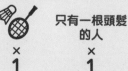

8

這個圖案在哪裏？

絞盡腦汁想一想！

快樂的源頭！
（想想「快樂」的英文
是什麼？）

把牠找出來吧！

**找出白色的
金魚！**

更多東西請你找找看！

×
1

×
1

×
2

×
4

×
1

水中的金魚
×
1

發現河豚！
×
1

穿着泳褲
跑步的人
×
1

③ 是巧克力蛋糕啊！

④ 3隻尾後有針的蜜蜂

⑤ 2隻毛毛蟲

⑥ 2個圓滾滾的大西瓜

⑦ 5隻悠然自得的蝸牛

⑧ 5顆榛樹果實

❸由狐狸化身的忍者？

❷長頸妖怪

❶錢幣藏在哪裏？

❼他應該在趕路吧？

❻有一隻鶴飛過啊！

❺有一條鯉魚

❹胖忍者

❽忍者飛刀

⑩ 正在施展隱身術的忍者

⑨ 躲在樹上的忍者

⑪ 草鞋到哪裏去了?

⑫ 大壼之中,忍者現身!

⑮ 真正的敵人藏在影子裏!

⑬ 3個練習劍道的人

⑭ 獨眼妖怪

答案在45頁

這個圖案在哪裏？

絞盡腦汁想一想！

衛生紙合共長
多少米？

把牠找出來吧！

找出尾部有
3個尖端的
小雞！

更多東西請你找找看！

面向右的小雞

  　 　咦？這是　站着的　洗手間的　順着4個腳印
　　　　　　　　　　　　　　軟雪糕！　小雞　　標誌　　找找看，盡頭
　　　　　　　　　　　　　　　　　　　　　　　　　　　　發現什麼？

× × × × × × × ×
1 3 5 7 1 3 3 1

這個圖案在哪裏？

絞盡腦汁想一想！

把它找出來吧！

鼓棍正在敲打
什麼東西？

 牧童笛在哪裏？

更多東西請你找找看！

×
1

×
3

沙沙作響的東西

×
3

×
2

×
3

好想吃冬甩
（甜甜圈）啊！
×
1

用來打節拍
的東西
×
1

一種有皮的
食物隱藏
起來了
×
1

⑨有頭大恐龍啊！

⑩請找出一把弓。

⑪愛游泳的鳥類

⑫臭火箱咩！

？① 香蕉掉落了！

？② 竟有1隻燒雞在天上？

？③ 如找到小天使，你就會有好運！

？④ 3架白色的紙飛機

？⑤ 在公園大水池會看到的鴨子艇

⑥ 2隻小雞

⑦ 4條魚

⑧ 破解羽毛的信息，尋找答案。

⑨ 有隻紙鶴在飛啊！

⑩ 有直升機在飛啊！

❓② 把壺偷走的雀鳥

❓① 1隻尾巴很長的猴子

❓③ 有鱷魚唷!

❓④ 這頭大象可以到馬戲團表演呢!

❓⑤ 有兩人在做球類運動呢!

⑧ 海豚在哪裏呢？

⑥ 有1架外形像動物的起重機在行走啊！

⑨ 3個疊得高高的壺

⑦ 站在壺上的猴子

⑩ 紅鶴們拼出了什麼形狀？

⑪ 你找到那頭背着壺的大猩猩嗎？

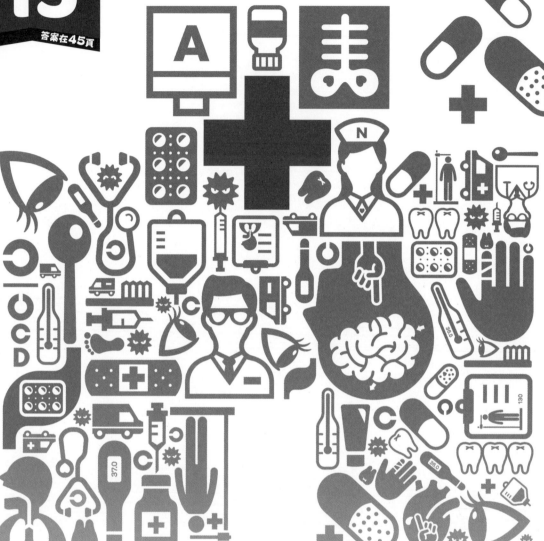

這個圖案在哪裏？

眼睛看着右上方。

絞盡腦汁想一想！

你能從起點走到
終點嗎？

（留意圖中的箭咀）

把它找出來吧！

D N A

這3個字母代表
身體的設計圖，
把它們找出來！

更多東西請你找找看！

			替他貼上 膠布吧！	聽診器	C字缺口 向上	36.5 度的 體溫計	你的身高是 多少厘米？
×1	×2	×5	×1	×3	×4	×1	×1

這個圖案在哪裏？

絞盡腦汁想一想！

把它找出來吧！

2件會令人
放鬆的餅

 找出正在發笑
的幽靈吧！

更多東西請你找找看！

		蛇莓不是草莓 	左右兩邊都被蟲蛀了的蘋果 	還可以找到 葡萄啊！	有沒有 西瓜呢？	做蛋糕時會 用到的飲品	最大的蘋果
× 1	× 2	× 1	× 4	× 1	× 2	× 1	× 1

挑戰 **17**

答案在48頁

⑦ 3塊新鮮出爐的薄餅

⑧ 挖土機回到過去了！

⑨ 地底有個迷宮！拿到3塊肉後，往終點進發吧！

⑩ 6枝很尖很長的石矛

⑪ 4隻蜻蜓

❓ ②3個圓圓的橡樹果實

❓ ③橡樹果實長出了藍色的花啊！

❓ ①有2位天使躲起來了！

❓ ④有青蛙的臉啊！

❓ ⑤找出正在玩捉迷藏的小矮人

❓ ⑥3個正在打瞌睡的小矮人

❓ ⑦3個鬍子很長的小矮人

⑧ 1個鬍子向上捲起的小矮人

⑨ 這間屋有煙囪啊！

這個圖案在哪裏？

絞盡腦汁想一想！

聖誕老人出發
的日子

把牠找出來吧！

鼻子最大
的馴鹿

更多東西請你找找看！

新鮮出爐的火雞	聖誕襪子	聖誕禮物打開了！	只有1個果實的聖誕槲寄	射上天空的煙花	雪人	請敲響4個銅鈴	聖誕老人的信息
× 1	× 3	× 1	× 4	× 1	× 3	× 4	× 1

這個圖案在哪裏？　　絞盡腦汁想一想！　　把它找出來吧！

祈求天晴
的東西

找出這個
南瓜燈籠！

更多東西請你找找看！

哭泣的幽靈	有臉孔的月亮	快要熄滅的短蠟燭	隱藏着白鴿啊！	纏着幽靈的蜘蛛網	形狀跟其他不同的蝙蝠	腳的數目太多的蜘蛛	由蝙蝠發出的3個字母暗號
×	×	×	×	×	×	×	×
1	1	1	5	4	1	2	1

有海鷗啊！

⑥

3架

⑤ 找到巨大外星人的臉嗎？

③

⑦ 4隻只有三條腿的外星人

有2條逃脫了

⑧

⑧ 呀！大力士把地面震裂了啊！

⑨ 嘩！是電風扇啊！

① 代表海的3個字母在哪裏?

② 如找到3隻海龜,會帶來好運!

③ 拾回2對拖鞋吧!

④ 海中竟有一件淋上了醬汁的炸蝦!

⑤ 2個巧克力螺旋麵包!

⑥ 螃蟹守衛着的寶箱裏有什麼呢?

⑧ 有 2 隻鹿跟你玩捉迷藏

⑦ 哪一條魚的肚子鼓鼓脹脹？

⑨ 6 條身上有三條紋的魚

⑩ 請你把沉船找出來！

這個圖案在哪裏？

絞盡腦汁想一想！

所謂「開門七件
事」包括什麼？

（除了鹽、醬、醋，
請找出其餘四項。）

把它找出來吧！

找出這個
蘑菇吧！

更多東西請你找找看！

酒杯	已經煮沸了水的鍋	壽司	茄子	刀叉套裝	扇貝	來捉鰻魚吧！	湯匙
×1	×1	×1	×4	×3	×3	×6	×4

這個圖案在哪裏？

絞盡腦汁想一想！

神燈的魔法可實現
多少個願望？

把它找出來吧！

南瓜車在
哪裏呢？

更多東西請你找找看！

寶石魔法書	向你眨眼的月亮	0至8之間有一個消失了的數字	看見它就快許願吧！	飛不起的女巫	女巫的魔法瓶	蠟燭	月亮裏的女巫
×1	×1	×1	×1	×3	×5	×5	×1

? ⑤ 有7隻雪兔啊！

? ④ 1隻躲起來的狐狸

? ① 偷走鞋子的犯人在哪裏？

? ② 6隻戴了頸巾的企鵝

? ③ 5片心形的雪

？ ⑥ 企鵝和狐狸看着的東西是什麼？

？ ⑦ 不小心弄丟了家門鎖匙啊！

？ ⑧ 宏偉的城堡

？ ⑩ 3頭馴鹿

？ ⑨ 竟有1頭恐龍在行走？

⑦ 遛狗散步的機械人

⑧ 總共有9隻貓

3部機械海星

⑨

⑩ 有機械人拿着花啊！

⑪ 隊長在哪裏？它的天線最長！

⑫ 為什麼法國長麵包出現在那個地方？

? ⑤ 5 座復活島摩艾石像

? ⑥ 3 座象徵埃及的人像

? ⑦ 呀！這是烏龜啊！

? ⑧ 3 個小矮人

? ⑨ 飛龍出現了啊！

答案

01

○ 隱藏了「紅」、「色」兩個字啊。

○ 順着腳印的盡頭會發現王冠呢。

02

○「禾」、「必」、「密」拼合起來是「秘密」。
○ 冒牌貨的頭髮比較長呢。

○ 這把鎖匙跟匙孔吻合。
○ 上下倒轉看是骷髏頭圖案啊！

03

○ 犯人是赤腳的相撲手，在他左上方的偵探正在用放大鏡細看腳印啊。

06

○ 答案是保齡球啊！

○ GOLF（高爾夫球）

○ 把棒球計分牌上下兩行的數字分別打橫加起來，比數是 6 比 8。

答案

07

○ 快樂的英文是"Happy"，字頭"H"跟日本鳥居的外形相似。

答案

10

 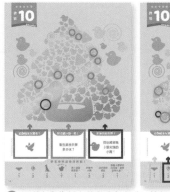 

○ 把所有衛生紙上的數字加起來，等於 100 米。　　　○ 順着腳印的盡頭是馬桶！

答案

11

○ 麵包表面是麵包皮。

答案

15

○ 身高是 130 厘米。

45

答案

16

○ 鬆餅。（進食時，你的嘴巴感到很鬆軟吧？）

○ 留意它的邊緣是不圓滑的啊！

19

○ 12 月 24 日，即是平安夜啊！

○ 信息是 "MERRY XMAS"，中文即「聖誕快樂」。

20

○ 晴天娃娃

○ 蝙蝠羣組成了 "B"、"A"、"T" 三個字母啊！

23

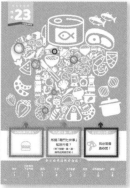
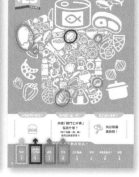

○ 開門七件事（七種日常生活必需品）：柴、米、油、鹽、醬、醋、茶

答案

24

○ 三個。(神燈噴出的煙中有一個 3 字)

○ 只有 6 字沒有出現在圖畫中。

答案 04

答案 05

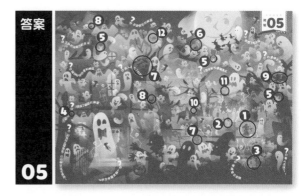

答案 08

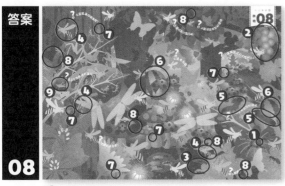

❶ 七星瓢蟲即是身上有七個黑點的瓢蟲。

答案 09

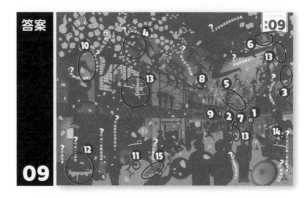

答案 12

❷ 將「土」、「厶」、「矢」、「及」拼合起來,暗號是「埃及」。
⓫ 企鵝屬於鳥類。

答案 13

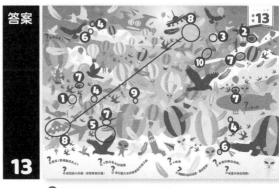

❽ 羽毛的信息是「UFO 在哪兒?」

🎄🎈 答案就在這些記號的位置啊!(你集齊了沒有?)

答案 14
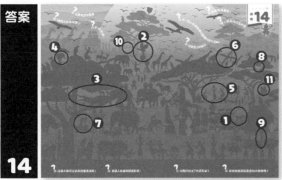

⑤ 他們在打乒乓球啊！⑩ 兩隻紅鶴的長頸拼出心形呢！

答案 17
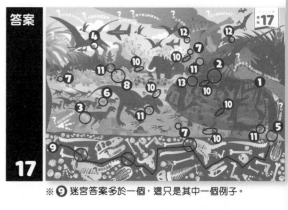

※ ⑨ 迷宮答案多於一個，這只是其中一個例子。

答案 18

答案 21

③ 代表宇宙年齡的數字「138」可以在圖畫中找到。
※ 關於宇宙年齡有各種說法，這只是其中之一。

答案 22
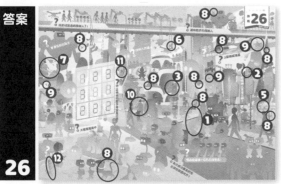

① 倒轉來看，魚羣組成了 "sea" 三個字母。　⑥ 3 個瓶子。

答案 25

⑥ 企鵝和狐狸看着的方向有一隻小企鵝啊！

答案 26

④ 把方格內的數字打直或打橫加起來都是「6」，
所以正中央的方格是「2」。

答案 27
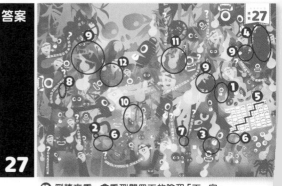

⑫ 倒轉來看，會看到閻羅王的臉和「王」字。

🌲 🌷 答案就在這些記號的位置啊！（你集齊了沒有？）

48